科学

逃离火山

能救命

[英]费利西娅·劳 [英]格里·贝利 著 [英]莱顿·诺伊斯 绘 苏京春 译

中信出版集团 | 北京

图书在版编目（CIP）数据

逃离火山 /（英）费利西娅·劳,（英）格里·贝利
著；（英）莱顿·诺伊斯绘；苏京春译 . -- 北京 : 中
信出版社 , 2022.4
（科学能救命）
书名原文 : Escape from the Volcano
ISBN 978-7-5217-4132-2

Ⅰ. ①逃… Ⅱ. ①费… ②格… ③莱… ④苏… Ⅲ.
①火山—少儿读物 Ⅳ. ① P317-49

中国版本图书馆 CIP 数据核字（2022）第 044636 号

逃离火山
（科学能救命）

著　者：[英]费利西娅·劳　[英]格里·贝利
绘　者：[英]莱顿·诺伊斯
译　者：苏京春
审　订：魏博雯
出版发行：中信出版集团股份有限公司
　　　　　（北京市朝阳区惠新东街甲 4 号富盛大厦 2 座　邮编　100029）
承　印　者：北京联兴盛业印刷股份有限公司

开　　本：889mm×1194mm　1/20　　印　　张：1.6　　字　　数：34 千字
版　　次：2022 年 4 月第 1 版　　印　　次：2022 年 4 月第 1 次印刷
京权图字：01-2022-0637　　　　　　审　图　号：01-2022-1390
书　　号：ISBN 978-7-5217-4132-2　　此书中地图系原文插图
定　　价：158.00 元（全 10 册）

出　　品：中信儿童书店
图书策划：红披风
策划编辑：黄夷白
责任编辑：李银慧
营销编辑：张旖旎　易晓倩　李鑫橦
装帧设计：李晓红

目 录

1　　乔和碧博士的故事

3　　火山是什么　火山的四种类型

4　　我们在哪里能见到火山　它会喷发吗

6　　地动山摇

7　　在地下深处　沿着构造板块分布的火山

8　　火山喷出了什么

10　环太平洋火山带

13　喀拉喀托火山

15　火山碎屑流喷发　炽热的火山气体

17　火山机器人　数据采集器

18　喷气孔、间歇泉和热泉

20　巨型火山

22　水下火山

23　大塔穆火山

24　住在火山周围

26　词汇表

乔和碧博士的故事

你们好！我叫乔，

我刚刚和碧博士一起经历了另一场探险。

这次探险真的是太热了！

我们去执行火山学任务了。

你可能还不知道，火山学是一门研究火山的学科。

科学家研究有喷发历史的火山，

监测它们是否有可能或者何时再次喷发。

要做到这一点，我们得接近火山顶部——

我和碧博士都知道这很危险。

幸好有机器人但丁的帮助。

好了，我们还是从头说起吧……

攀登火山之前，碧博士想检查一下山坡的陡度。所以，她取出了一个引伸计，那是一种特殊的测量仪器。

引伸计可以发出一束激光，测量山坡上的距离。这个仪器非常精密，几乎任何变化都能观测到。据此碧博士怀疑这个山坡一直在移动之中。

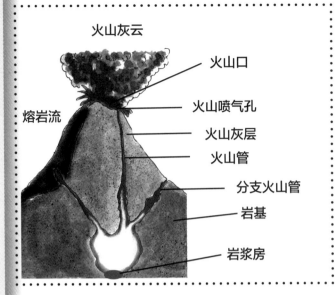

火山灰云

火山口

火山喷气孔

火山灰层

火山管

分支火山管

岩基

岩浆房

熔岩流

火山可能会以不同的方式喷发……

火山灰喷向空中，然后在火山的山坡上落成一堆

灼热的火山灰和富含火山碎屑的高速气流形成所谓的火山碎屑流

熔岩顺着山坡流下来，一边流一边冷却

火山是什么

　　火山是自己喷发形成的。当岩石变热熔融呈液态时就形成了岩浆，它通过地表的裂缝喷涌到地面上来，喷发到地面的岩浆被称为熔岩。当熔岩冷却便会变成坚硬的，犹如沙砾一般的岩石，通常一层又一层堆积，形成一座锥形的山体。当熔岩持续涌出，会逐渐形成一座更高的火山，在火山的中部有纵横交错的火山管道向外运送上涌的岩浆。

厄瓜多尔的通古拉瓦火山爆发

火山的四种类型

盾形火山可以高达 8 500 米。它可以隐藏在深深的海床之上

复合火山可以高达 2 400 米

火山渣锥可以高达 304 米

熔岩穹丘可以高达 60 米

我们在哪里能见到火山

世界上有数千座火山，但大多数都是死火山——一般来说它们不会再喷发了。

在过去 10 000 年中，大约有 15 000 座火山曾经喷发过，但我们生活的时代，只有大约 600 座活火山。陆地、海洋中都有火山。

圣海伦斯火山，美国

哈佛尔火山，冰岛

热泉，黄石国家公园，美国

波波卡特佩特火山，墨西哥

它会喷发吗

火山的一种分类方法是根据火山曾喷发的频率。

活火山指的是正在喷发的火山，或者在过去 10 000 年中曾经喷发过的火山。

休眠火山指的是正在"沉睡"的火山，但是将来有可能还会"苏醒"过来，变成活火山。

死火山指的是在过去的 10 000 年里根本没有喷发过的火山。

基拉韦厄火山，美国

通古拉瓦火山，厄瓜多尔

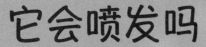

伊林斯基火山，俄罗斯

科里亚克火山，俄罗斯

萨瑞彻维火山，俄罗斯

斯特龙博利火山，意大利

樱岛火山，日本

喀拉喀托火山，印度尼西亚

马荣火山，菲律宾

卡瓦伊真火山，爪哇，印度尼西亚

鲁阿佩胡火山，新西兰

我们现在攀登的是一座活火山。几个星期以来，我们去监测火山管道中发出的隆隆声。

当地壳构造板块移动的时候，它们会释放出能量波。我们称之为地震波。地震的时候，地震仪能记录下它。

地动山摇

地壳和上地幔并不是地球一个不可分割的坚硬外衣。事实上，地壳是由许多板块组成的，它们像木筏一样漂移在地球表面。我们把它们称为地壳构造板块。

这些板块一直在移动。每一个板块都是一侧在生成，另一侧在漂移的过程中湮灭。地球上已知的各大洲都是在这些构造板块之上。

六大板块和许多微地块组成了地球的地壳

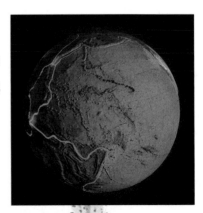

在地下深处

地壳下 40 千米处有一层厚厚的熔融岩浆。岩浆在压力作用下释放惊人的热量和大量气体，并且在不断膨胀。当岩浆在地壳表面找到薄弱的地方时，会从这个地方溢流到地表。

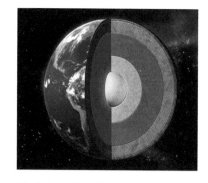

地球由固体、半固体和液体物质组成。地心的温度比太阳表面还要高

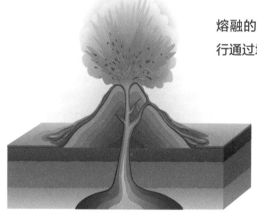

熔融的岩浆不断上升，然后会强行通过地壳板块的裂缝

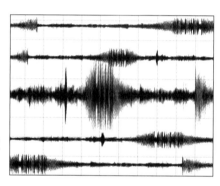

地震仪是一种记录地震波的仪器

沿着构造板块分布的火山

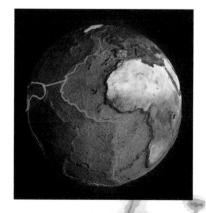

火山通常形成在构造板块汇聚的地方，其中一个板块俯冲到另一个板块之下，在这种情况下原本贮藏的岩浆就可以有机会沿着碰撞发生的裂缝上涌到地面，此时一座火山便形成了。

我和碧博士开始收集和分析数据，为了完成这项工作，我们带了很多设备。这些仪器包括一台测量角度和距离的电子经纬仪，一台检查坡度变化的引伸计，以及一台检测二氧化硫等气体的紫外光谱仪。

火山喷出了什么

火山爆发时，不同种类的物质从火山口喷出。

灰尘和二氧化硫等有毒气体从裂缝中喷出

当气体被困在熔岩中时，它会使熔岩"起泡"。当熔岩冷却后，会形成一种被称为浮岩的轻质岩石

火山碎屑流是火山碎屑物质（如火山灰、灰尘和水）形成的一种泥石流。这些物质以每秒数十米的速度向下流动，拥有摧毁一切的力量。

火山弹是一大块冷却的熔岩，形状通常像一个球。火山爆发的力量会把这些火山弹喷到几千米之外，相当危险

盾形火山冷却的熔岩能形成巨大的玄武岩岩层，就像位于中国台湾的这座悬崖一样

温度非常高的半液态岩石，称为熔岩，它们从火山口喷涌而出

与此同时，碧博士已经拿出一把岩石锤，开始采集样本。在贴上标签并装进袋子之前，她仔细清洗了这些样本。

她还有一套温度计，放在火山喷口周围，用来记录释放的热量。

碧博士在世界各地的火山采集样本，然后将数据发送到气象站。他们需要知道有多少火山灰和蒸汽进入大气中。

火山灰和蒸汽对天气的影响很大。它们可以遮蔽太阳，造成温度骤降，也可以产生雾，阻碍飞机飞行，并改变风的路径。

环太平洋火山带

地球上一个火山特别多的地区就是环太平洋火山带。它环绕着太平洋，呈马蹄形，它有陆地火山、洋岛火山和被称为海沟的火山大洋谷，整个火山带环绕着太平洋。世界上大约 75% 的休眠火山和活火山都位于环太平洋火山带。

环太平洋火山带和周围地区以发生的地震和火山爆发次数多而闻名。

夏威夷的基拉韦厄火山是一座活火山

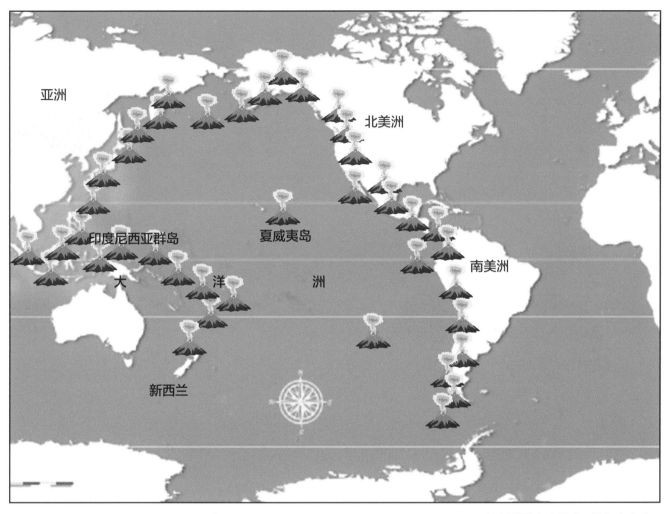

亚洲

北美洲

印度尼西亚群岛

夏威夷岛

南美洲

大　　　　洋　　　洲

新西兰

环太平洋火山带有 452 座火山

　　印度尼西亚的火山是环太平洋火山带中最活跃的。
它们是由包括太平洋板块在内的三个独立构造板块的运
动和碰撞形成的。夏威夷群岛本来就是由太平洋海底的
火山所组成的。

火山爆发可能是毁灭性的。它不仅仅是火山爆发，周围的土地也都会被摧毁。

公元 79 年，当意大利那不勒斯附近的维苏威火山喷发时，附近的庞贝城和赫库兰尼姆镇几乎瞬间被摧毁。现在从火山灰中发现的城镇遗迹表明，当时生活在那里的人们都没有预料到火山会喷发。

这种情况很有可能再次发生！科学家已经了解到，维苏威火山现在仍然是世界范围内最危险和最有可能喷发的火山之一。而至今仍有超过 60 万人生活在那个危险的区域！

出于这个原因，维苏威天文台每天 24 小时观察地震活动、气体排放和其他迹象，以便及时预测它何时可能喷发。

喀拉喀托火山

类似的事情也发生在了喀拉喀托火山。这个小火山岛位于印度尼西亚爪哇岛和苏门答腊岛之间。

1883 年 5 月的一个早晨，一艘德国军舰的船长注意到无人居住的喀拉喀托岛上空有一团 11 千米高的火山灰云。这是这个火山岛两个世纪以来第一次爆发。然后，在 8 月 26 日中午，一系列巨大的爆发开始了，这是它在历史上最大的一次喷发。

第二天，一次巨大的火山喷发导致岛上三分之二的地方坍塌到海底，一系列的火山碎屑流和巨浪引发了海啸，海浪席卷了附近的海岸线，致使数千人死亡，数百个沿海的居住地被毁。

喀拉喀托火山还在持续喷发。最近的一次喷发发生在 2014 年

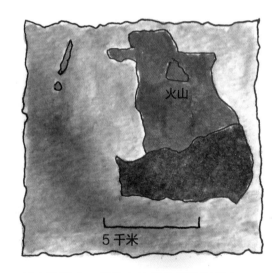

5 千米

如上地图中，岛屿上的红色部分已经在 1883 年的火山喷发中完全消失了

我和碧博士都知道即使没有任何迹象，火山也可能会喷发的。但是我们在探索火山边缘时，还是一直在试图寻找预警信号。

尽管我们已经如此小心翼翼地关注它，但是我们脚下的地面还是没有任何预兆地开始颤抖和移动，这让我们大吃一惊。随后，我们周围的空气中就开始充满令人窒息的热气……

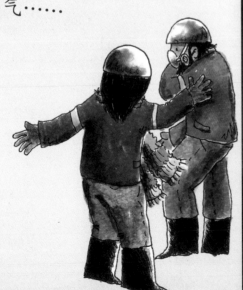

加勒比的苏佛里耶尔山火山喷出的火山碎屑流

火山碎屑流喷发

火山喷发有不同的方式。有时，气体和灰烬的热混合物不会上升，而是从火山喷口流出，直接在地面上流动。这些快速移动的热混合物被称为火山碎屑流，它们非常危险。

火山喷发口的中心像是一根管子。当在压力作用下开始喷发碎屑流，火山灰尘将会在火山管道的侧面，以及一些旁支火山管道内发生爆炸。

炽热的火山气体

因为大多是气体物质，所以火山碎屑流移动得非常快，甚至达到每小时 200 千米。而且火山碎屑流温度非常高——有时高达 600 摄氏度！作为高速度运动的高温物质，火山碎屑流也是火山喷发过程中可能产生的最危险的"杀手"。

　　幸运的是，火山机器人但丁来救我们了。但丁有八条腿——它是一个步行机器人。而且它在陡坡上行走也很稳固。它当然不怕热，也不会咳嗽！

　　因此，我和碧博士能够紧紧抓住它，它把我们从火山口拉了出来，滑下已经有些滑溜的山坡——我们终于到达安全的地方！

火山机器人

在探索火山时，科学家经常处于危险之中。探索区域周围的地面可能陡峭且多岩石，松散的岩石和火山灰使其不稳定。科学家需要接近火山口，甚至进入火山口内进行研究。熔岩流、突然飞溅的火山灰或突然出现的裂缝都会让地面上十分危险。火山气体也会让人呼吸困难。

火山机器人 1 号是在美国国家航空航天局喷气推进实验室制造的。图中，机器人对美国夏威夷基拉韦厄火山的喷发岩浆裂缝进行了探测

数据采集器

所以科学家正在发明机器人来帮助科学家们。这些机器人能够接近一个活跃的火山口来完成近距离探测——甚至可以从陡峭的山坡上自己下去，进入人类无法到达的裂缝之中。这些机器人也可以实时采集样本，记录数据，并将资料传给位于安全距离的科学家。

美国和俄罗斯的联合项目玛索科德号火星探索飞行器是一种遥控车机器人。它完成了基拉韦厄火山的探测我们很庆幸已经走下了火山的山坡，从安全的距离观看了整个火山喷发的过程。

但是，地下上升的热量在其他地方也能感觉到。地下水也会被火山岩浆加热。当压力增大时，气体和水逸出并喷射到空气中，形成一个巨大的热泉，也称为热喷泉。

喷气孔、间歇泉和热泉

间歇泉 是在火山地区发现的热水或蒸汽喷泉。当地下热水和气体的压力增大并需要逸出时，就会间歇性地喷出

热泉 多出现在地表火山活动活跃的地区，地下的岩石被其下高温熔融物质加热，这些岩石包裹着的水也被加热。当热泉喷发的时候，喷出的水温度非常高

喷气孔 是地壳上的一个小孔，蒸汽和其他气体通过它逸出。被岩浆热量煮沸的水蒸发形成了滚烫的蒸汽。喷气孔多出现在休眠火山中

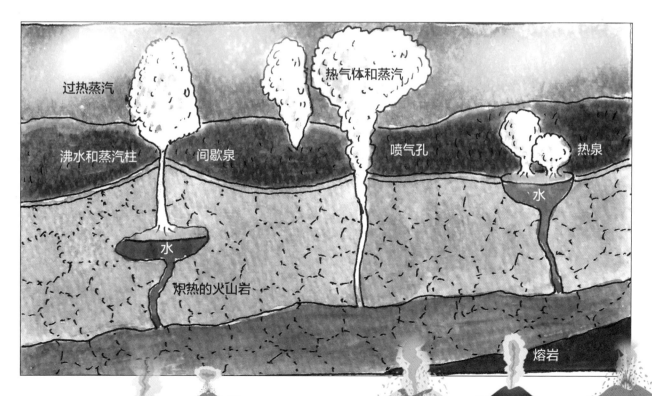

过热蒸汽

热气体和蒸汽

沸水和蒸汽柱　　间歇泉　　喷气孔　　热泉

水

水

炽热的火山岩

熔岩

巨型火山

在美国黄石国家公园的中部，有一座巨大的火山遗迹。它是一个被称为破火山口的巨大盆地，绵延达 72 千米。

黄石国家公园的老实泉就是一口间歇泉，每 90 分钟喷发一次

这一切大约始于 200 万年前。起初，有三次大规模熔岩和火山灰喷发。随后喷发了大规模的火山碎屑流，火山之下的岩浆房发生了垮塌，形成了破火山口。更多的熔岩流入破火山口，堵塞了水道，形成了湖泊。随着时间的推移，岩浆再次充满了岩浆房，间歇泉和热泉就形成了。

野牛在热泉附近觅食

25

水下火山

水下火山是地球上最大的一种火山。它们看上去可能没有那么高，但实际上它们却可能在海面下延伸到了很深的地方。

海洋中藏着许多秘密。世界上一些大的火山其实就隐藏在海底。

我和碧博士知道它们喷发时会有多危险。海啸造成的巨浪横扫海面，甚至会直接摧毁波及的海岸线地区。

这座水下火山口位于美国黄石国家公园的一个湖内

水下火山露出水面的往往只是它的顶部

大塔穆火山

　　世界上最大的火山就在海底。它位于日本东部太平洋的一个海底高原上，距离海平面有 2 千米。

　　这座占地 31 万平方千米的火山——大塔穆火山，与整个法国的大小差不多。它深入地壳 30 千米。它大约是在 1.45 亿年前一次巨大的熔岩流之后形成的。幸运的是，它不太可能再次喷发！

你可能觉得，火山这么危险，人们一定不会住在离火山太近的地方。但实际上完全不是如此。因为火山附近的土壤非常肥沃，很适合耕种，所以火山周围还是住了不少人。

现在，我跟碧博士是时候离开火山区，把样本带回实验室了。

我们在火山的山坡上度过了激动人心又危险的一天，但就像村民一样，是时候回去工作了。

住在火山周围

默拉皮火山是印度尼西亚最活跃的火山之一，数百年来人们一直在它的山坡上耕作着。由于火山经常喷发，火山两侧被火山灰覆盖，有肥沃的农田。

默拉皮火山每隔两三年喷发一次，但上一次真正大的喷发是在 2010 年，当时成千上万的村民不得不离开家园。火山喷发持续了 16 天，伴随着火山大地震、余震、崩裂，还有快速移动的火山碎屑流和火山泥石流。

火山灰土壤通常被用来种植水稻、甘蔗甚至葡萄

25

词汇表

地震
地震是地球表面发生的或者地壳发生的巨大的、突然的运动，通常会产生裂缝和破裂。

玄武岩
玄武岩是由火山喷出的熔岩形成的岩石。

火山口
火山口是一个圆形的洞，形状像盆地，形成于火山的中心。火山口可能是由火山的最终侵蚀形成的，随火山停止喷发并向内塌陷。

引伸计
能够测量山坡上发生的微小变化的仪器。

喷气孔
喷气孔是地球表面的一个小孔，被困在地下的蒸汽和气体可以通过这个小孔逸出。喷气孔多出现在火山区。

热泉
在有火山活动的地方一般就会有热泉。热泉中的水会在高温高压的作用下到达地球表面。

火山泥石流
火山泥石流指的是火山灰和岩石与水混合形成的一种快速移动的泥浆流。

熔岩
熔岩是从喷发的火山中流出的熔融或液态岩石。熔岩冷却形成玄武岩。

岩浆
岩浆是从火山中流出来的炽热的液态岩石。

火山管
火山管是一个管状的漏斗，从岩浆房通向火山口的顶部。

浮岩
浮岩能够漂浮的原因是由于熔融的岩浆随火山喷发减压冷凝过程中有大量的气泡形成于岩石中，其气孔体积占岩石体积的 50% 以上。

火山碎屑流
火山碎屑流指火山喷出的挟有大量未经分选的碎屑物的高速气流。

地震仪
地震仪是一种测量地面震动程度的仪器。

构造板块
构造板块是地壳的一部分。当两个或两个以上的板块相遇时，地球表面可能弯曲或破裂，并可能形成火山。

火山学
火山学是研究火山的科学。

《每个生命都重要: 身边的野生动物》

走遍全球 14 座大都市, 了解近在身边的 100 余种野生动物。

《世界上各种各样的房子》

一本书让孩子了解世界建筑史!
纵跨 6 000 年, 横涉 40 国, 介绍各地地理环境、建筑审美、房屋构建知识, 培养设计思维。

《怎样建一座大楼》

20 张详细步骤图, 让孩子了解我们身边的建筑学知识。

《像大科学家一样做实验》(漫画版)

超人气科学漫画书。40 位大科学家的故事, 71 个随手就能做的有趣实验, 物理学、数学、天文学等门类, 锻炼孩子动手、动眼和思考的能力。

《人类的速度》

5 大发展领域, 30 余位伟大探索者, 从赛场开始了解人类发展进步史, 把奥运拼搏精神延伸到生活之中。

《我们的未来》

从小了解未来的孩子更有远见!
26 大未来世界酷炫场景, 带孩子体验 20 年后的智能生活。